今天爸爸是厨帅

韩国赫尔曼出版社◎著　金银花◎译

北京科学技术出版社

生活

分离米
和黑豆

历史

社会

分离盐
和水

分离面
粉和盐

我们将混合物分离

可以得到所需的物质。

本书详细讲解了混合物的分离方法。

艺术

体育

去除
污渍

分离酱
油和油

人物

科技

今天是星期天。

吃早饭的时候，小童听见妈妈咳嗽了两声。

妈妈好像感冒了，看起来很难受。

小童在爸爸耳边说了几句悄悄话。

"好主意！" 爸爸高兴地说。

今天，爸爸要当大厨，做一顿好吃的午饭。

3

"小童，中午我们吃什么好呢？"
"爸爸，咖喱饭怎么样？既好吃，又不难做。"
"好主意！"
可是，爸爸不小心
把大米和黑豆混在一起了！
"爸爸，咖喱饭加了黑豆就不好吃了。"
"糟糕！这可怎么办？"

咖喱饭只能
用大米做。

咖喱饭

大米饭

黑豆饭

突然，爸爸露出了笑容。

他打开厨柜，翻来翻去，好像在寻找什么东西。

"找到了！这个筛子能帮我们解决问题。"

爸爸把混入黑豆的大米倒进筛子，轻轻晃动筛子。

神奇的一幕出现了！

大米竟然全部从筛子里掉了下去，

只剩黑豆在筛子里面。

"哇！大米和黑豆一下子就分开了。"

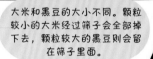

大米和黑豆的大小不同。颗粒较小的大米经过筛子会全部掉下去，颗粒较大的黑豆则会留在筛子里面。

生活
小贴士

在生活中，我们可以利用筛子分离黄豆、红豆、小米等颗粒大小不同的东西。在建筑工地上，工人们使用筛子眼比较大的筛子轻松分离沙子和小石子。炎热的夏天，家家户户都在窗户上安装纱窗，这样既不影响空气流通，又可以有效防止蚊虫飞入。

黑豆和大米的分离过程

1. 将黑豆和大米的混合物倒入筛子。

2. 轻轻晃动筛子。

3. 颗粒较大的黑豆留在筛子里，颗粒较小的大米掉了下去。

咖喱饭做好了，小童迫不及待地尝了一口。

"真好吃！爸爸好棒！"

咖喱饭大获成功，爸爸信心倍增。

他耸了耸肩，得意地说：

"接下来，我要做妈妈喜欢吃的巧克力饼干！"

"爸爸，我也要帮忙。"

面粉、白糖、巧克力……制作饼干所需的材料准备完毕！

"小童，你帮爸爸把白糖倒进面粉里，好吗？"

"好的！"

糟糕！小童不小心把盐当成白糖倒进面粉里了。

"呀，这么一大碗面粉，可惜了！"

"小童，别担心。我们把面粉和盐分离开来不就行了吗？

往混合物里倒入水，盐会溶解，而面粉不会溶解。

然后，用滤纸过滤，就可以将面粉分离出来了。"

"哇，好神奇！"

往混合物里倒入水，
搅拌成稀稀的面糊，
盐会溶解，
而面粉不会溶解。

盐

糖

面粉

取一张滤纸，
将混合物慢慢过滤，
盐水被滤纸滤出去，
滤纸上只剩下面糊。

分离过程

面糊

盐水

科学
小贴士

盐溶于水。面粉不溶于水，遇水会呈絮状、糊状等。因此，用滤纸可以分离面粉和盐。像这样，从液体中分离出沉淀物或固体颗粒的方法被称为过滤。

制盐过程

盐水

1. 加热盐水。

盐

2. 随着水分蒸发，容器里只剩下盐。

爸爸还给小童讲了用盐水制盐的方法。

"加热盐水，随着水分的蒸发，容器里只剩下盐。当然，加热不是必要条件。将盐水静置一段时间，水分也会自然蒸发。"

"噢，盐田制盐也是同样的原理，是不是？"

"没错。小童真会举一反三。

同样，白糖水中的水分蒸发后，就会剩下白糖。"

爸爸把面团做成各种形状，
小童将巧克力豆按压在面团上。
"就剩最后一步了，希望能烤出好吃的饼干。"
爸爸把面团放进预热好的烤箱。

接着，爸爸开始整理厨房。

小童一个人无聊得直打哈欠。

突然，小童看见盐和油，脑海中生出一个疑问：

"如果把盐放进油中，盐会溶解吗？"

于是，小童打算做一项实验。

他把油倒入一个玻璃杯，放入盐，

然后用筷子轻轻搅拌。

"咦？盐不溶于油呢。"

"小童！你在做什么？别浪费油啊！"
爸爸轻轻敲了一下小童的头。
"爸爸，为什么盐溶于水，却不溶于油呢？"
爸爸笑着向他解释盐不溶于油的原因：
"物质和物质之间存在引力。
盐分子和水分子之间的引力较强，
相反，盐分子和油分子之间的引力较弱。"

物质之间的引力

盐分子和水分子 > 盐分子和油分子

爸爸提议做一项好玩的实验。
他在一个玻璃杯里倒入酱油和油。
神奇的现象出现了，
酱油沉到下方，而油浮在上方。
"酱油和油互不相溶，
我们可以利用滴管或分液漏斗
轻而易举地分离酱油和油。"

滴管

酱油 ⟺ 油

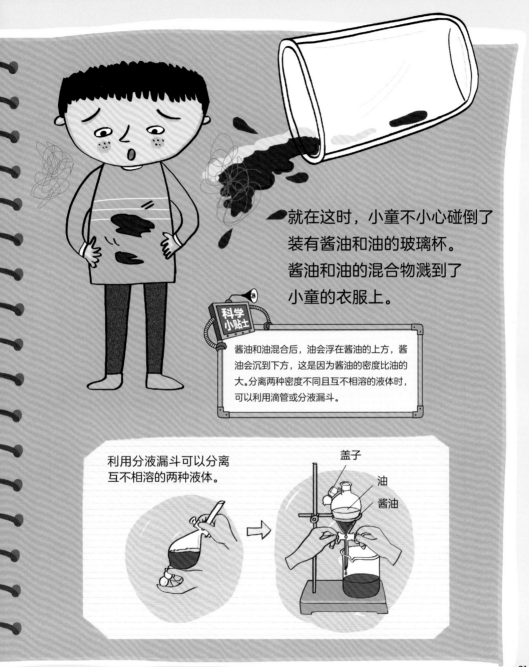

就在这时，小童不小心碰倒了
装有酱油和油的玻璃杯。
酱油和油的混合物溅到了
小童的衣服上。

科学小贴士

酱油和油混合后，油会浮在酱油的上方，酱油会沉到下方，这是因为酱油的密度比油的大。分离两种密度不同且互不相溶的液体时，可以利用滴管或分液漏斗。

利用分液漏斗可以分离互不相溶的两种液体。

盖子
油
酱油

爸爸带小童去卫生间。

"淘气鬼，快用香皂把手洗干净吧。"

爸爸说着，拿起肥皂开始洗小童的衣服。

"因为油不溶于水，所以要用肥皂来洗去油渍。
肥皂可以让油漂浮在水中。"

小童飞快洗完手，去换了身衣服。

* 肥皂去除污渍的原理

① 肥皂分子进入水中后，
迅速附着于衣物上。

② 肥皂分子往污渍
周围聚集。

把油渍从衣物上清洗掉的过程，也可以看作是分离混合物的过程。油渍等污渍不溶于水，肥皂分子进入水中后，靠近污渍并把污渍团团包围起来，然后将其从衣物上分离出来。被分离出来的污渍漂浮在水中，最后被冲洗掉，衣物就变得一干二净了。

③ 肥皂分子包围污渍。

④ 肥皂分子将污渍从衣服上"拉"下来。

小童换完衣服走出房间时，
闻到了一股难闻的味道！
"爸爸，好像饼干烤焦了！"
爸爸急急忙忙跑到厨房，打开烤箱一看，
饼干全都烤焦了！
这可如何是好？

混合气体也可以被分离吗？当可溶于水的气体与
不溶于水的气体混合在一起时，我们可以用水过
滤混合气体以分离两者。

"我怎么闻到了一股烧焦的味道！"
妈妈匆匆从卧室里跑出来，
惊讶地发现厨房里一片狼藉。
"天哪！"
"妈妈，对不起！
我们是想做你爱吃的巧克力饼干，没想到……"

生活
小贴士

在日常生活中，人们经常对混合物进行分离，从而单独使用其中的一种物质。牛奶中含有丰富的蛋白质和脂肪，人们将牛奶中的脂肪分离出来，制作成奶油。

听到爸爸和小童的话，妈妈高兴地笑了起来。
虽然巧克力饼干没有做成功，
但是为了让妈妈高兴，爸爸和小童确实尽力了！
两人把厨房收拾干净后，
异口同声地大喊：
"下厨一点儿都不简单！"

으뜸 사이언스 20 권

Copyright © 2016 by Korea Hermann Hesse Co., Ltd.

All rights reserved.

Originally published in Korea by Korea Hermann Hesse Co., Ltd.

This Simplified Chinese edition was published by Beijing Science and Technology Publishing Co., Ltd.

in 2022 by arrangement with Korea by Korea Hermann Hesse Co., Ltd.

through Arui SHIN Agency & Qiantaiyang Cultural Development (Beijing) Co., Ltd.

Simplified Chinese Translation Copyright © 2022 by Beijing Science and Technology Publishing Co., Ltd.

著作权合同登记号　图字：01-2021-5236

图书在版编目（CIP）数据

如果化学一开始就这么简单. 今天爸爸是厨师 / 韩国赫尔曼出版社著；金银花译. —北京：
北京科学技术出版社，2022.3

ISBN 978-7-5714-1996-7

Ⅰ. ①如… Ⅱ. ①韩… ②金… Ⅲ. ①化学—儿童读物 Ⅳ. ① 06-49

中国版本图书馆 CIP 数据核字（2021）第 259471 号

策划编辑：石　婧　闫　娉	电　　话：0086-10-66135495（总编室）
责任编辑：张　芳	0086-10-66113227（发行部）
封面设计：沈学成	网　　址：www.bkydw.cn
图文制作：杨严严	印　　刷：北京宝隆世纪印刷有限公司
责任印制：张　良	开　　本：710 mm × 1000 mm　1/20
出 版 人：曾庆宇	字　　数：20 千字
出版发行：北京科学技术出版社	印　　张：1.6
社　　址：北京西直门南大街 16 号	版　　次：2022 年 3 月第 1 版
邮政编码：100035	印　　次：2022 年 3 月第 1 次印刷
ISBN 978-7-5714-1996-7	

定　　价：96.00 元（全 6 册）